MÉMOIRE

SUR LE

BALISAGE

ET LA

NAVIGATION DESCENDANTE

DE LA DORDOGNE,

DE BORT A ARGENTAT.

L'importance de la Navigation naturelle appelle aussi
l'attention du Gouvernement. Cette Navigation a besoin
d'être améliorée sur plusieurs points du royaume.

*Rapport du directeur-général des ponts et chaussées,
année 1820, page 9.*

Clermont-Ferrand,

IMPRIMERIE DE J. VAISSIÈRE, RUE DES GRAS, N° 13,

ANCIENNE MAISON BOISSON.

1830.

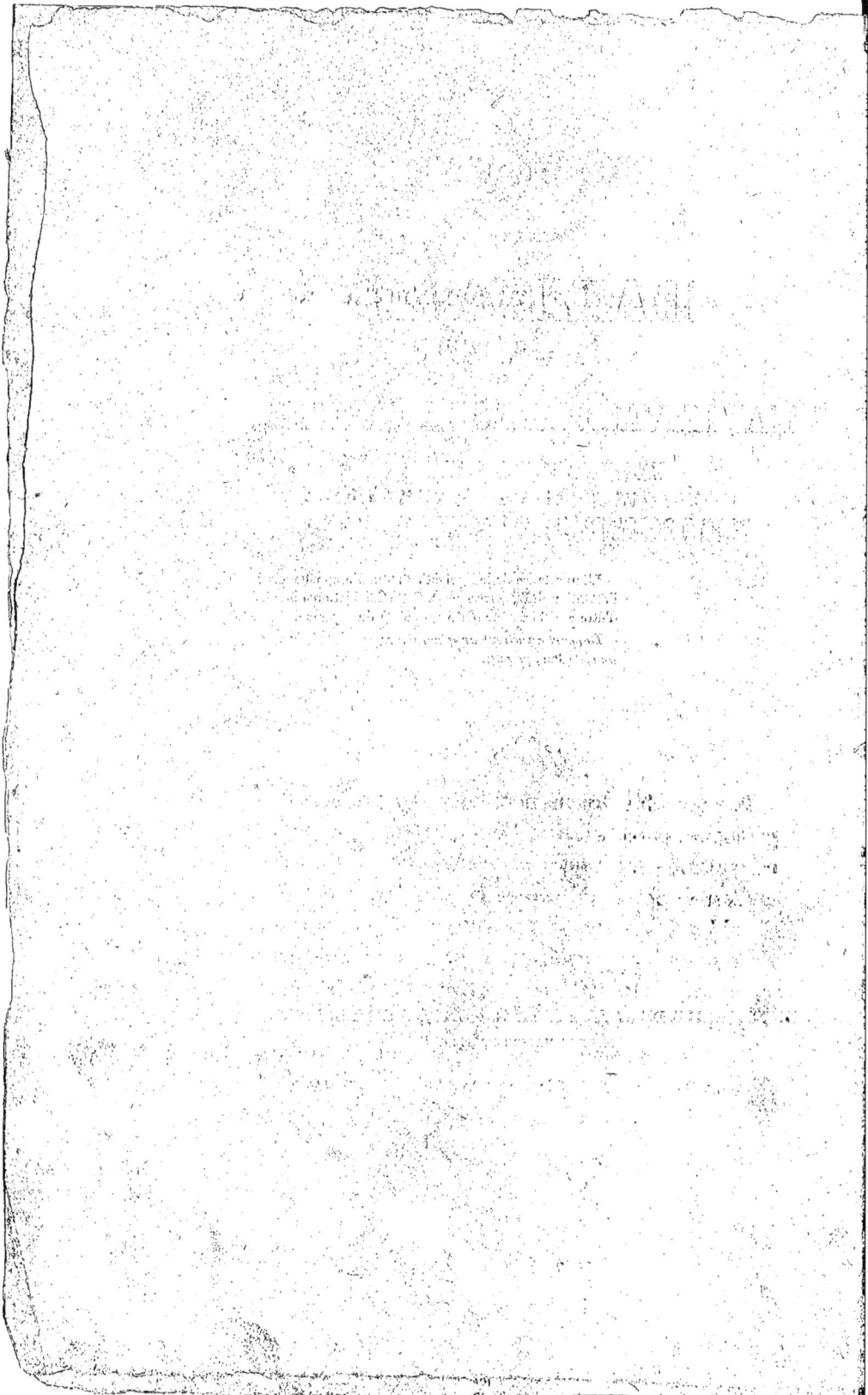

MÉMOIRE

SUR LE

Balisage et la Navigation descendante de la Dordogne.

CONSIDÉRATIONS GÉNÉRALES

SUR LES COMMUNICATIONS DE LA HAUTE - AUVERGNE
ET DU LIMOUSIN.

Il y aura bientôt un demi-siècle qu'un savant géologue, parcourant le Cantal pour étudier les convulsions volcaniques de cette terre, écrivait : « C'est le défaut de routes et de rivières navi- » gables qui a rendu l'Auvergne stationnaire. » Comment concevoir que des marchandises » entrent, sortent, et circulent à travers des » montagnes escarpées et des sentiers scabreux ? » Combien de bourgs et de villes, qui ne sont » éloignés les uns des autres que de quelques

» lieues, et qui cependant n'ont entre eux aucune
» communication. » Ces réflexions douloureuses
n'ont pas été comprises, puisqu'il n'y a pas eu
d'améliorations importantes pour créer de nouveaux débouchés. Les rivières sont restées dans
leur ancien état de nature, et l'immense étendue
de pays comprise entre la chaîne du Mont-d'Or,
celle du Cantal, la route de Clermont à Aurillac,
et Issoire, languit au milieu des voies imprati-
cables qui la sillonnent. Qui le croirait? Les
denrées de première nécessité peuvent à peine
y circuler à dos de mulet.

Il faut sans doute attribuer cet état de choses,
vraiment déplorable, à l'âpreté du climat, et à
la nature des produits de la contrée. En effet,
les bestiaux, qui font toute sa richesse, pouvant
se transporter d'un lieu dans un autre sans le
secours des voitures, les habitans n'ont pas senti
aussi fortement qu'ailleurs le besoin des grandes
routes. Héritiers de la vie patriarcale de leurs
ancêtres, ils se sont contentés d'avoir des passages suffisans pour mener leurs troupeaux au
pâturage, et quelques chemins étroits pour conduire les accrus aux marchés.

Non seulement cette partie intéressante de
l'Auvergne est restée emmaillottée avec ses communications primitives, mais encore les riverains de ces sentiers sinueux les changent suivant la mutation de leurs semences, et les res-

serrent par des empiétemens continuels. Dans beaucoup d'endroits, les chemins vicinaux sont encaissés à plusieurs pieds au-dessous des champs adjaccns; aussi, le plus souvent, ils servent de canaux d'irrigation pour les prairies voisines. Malheur à l'étranger qui les parcourt sans guide! il s'égare et tombe dans des fondrières épouvantables.

Pour se faire une idée de ce manque absolu de routes, il ne faut que comparer, sur une carte routière, le département du Cantal à un de ceux qui sont près de la capitale. Ce rapprochement est une page muette qui produira plus d'effet sur l'observateur éclairé, que tout ce que je pourrais dire, surtout aujourd'hui qu'il est reconnu en principe que la richesse, la population et l'intelligence, croissent avec la facilité des communications.

AGRICULTURE.

Il ne faut donc pas s'étonner si l'agriculture est restée ce qu'elle était dans la Gaule antique, et si les pâturages, qui peuvent le disputer par leur qualité aux meilleurs de la Suisse, ne nour-

rissent en général qu'une race de bestiaux faible
et dégénérée (1). Ils y paissent encore librement
comme dans les premiers âges. C'est encore le
même motif qui maintient la valeur des terres
et le prix des fermes au même taux qu'il y a
deux siècles. Qui voudrait acheter des proprié-
tés dont les habitations sont de véritables pri-
sons? Si, par hasard, le capitaliste aisé en ac-
quiert, c'est pour les faire exploiter par l'intermédiaire d'agens qui n'ont ni la volonté, ni les
connaissances nécessaires, pour introduire les
nouveaux procédés. ✗

(1) On distingue en France douze à quinze races de bœufs :
ceux de la Haute-Vienne, de la Charente et de la Charente-
Inférieure, peuvent être considérés comme appartenant à la
même; leur couleur est d'un blond roux, leurs cornes sont
longues, grosses et pointues; leur poids est d'environ 600 à
850 livres; ceux de la Creuse, de l'Indre et du Cher, ordinairement d'un blanc pâle, pèsent de 500 à 700 livres; ceux de la
Gironde, d'un blond sale, surpassent en poids les deux races
précédentes; dans le Cantal et le Puy-de-Dôme ils sont rouges,
ont les cornes courtes et blanches, et pèsent 550 à 850 livres;
dans le département de Saône-et-Loire ils égalent en poids ceux
de la Haute-Vienne; ceux de la Loire-Inférieure et de Maine-
et-Loire sont gris, noirs, bruns, marrons, et pèsent jusqu'à
900 livres; dans le Morbihan ils sont petits, variés dans leurs
couleurs, et pèsent rarement au-delà de 350 à 500 livres; la
Sarthe nourrit une race peu élevée, mais qui donne une grande
quantité de suif. Les autres races ou espèces diffèrent si peu de
celles que nous venons de désigner, qu'il faut une grande habi-
tude pour les distinguer.

✗ on ne peut cependant dans le Cantal,
acheter des terres à plus de 4 pour en
bien s'ouvent elles ne produisent que
1 ou 2 % du capital —

ÉCONOMIE FORESTIÈRE.

Les forêts d'arbres résineux sont très-multipliées dans le Cantal, et elles y déploient même
une végétation extraordinaire. Cependant elles
ne sont presque pas exploitées : cette masse végétale, qui couvre un sol précieux, est perdue pour
l'aisance du pays. Les arbres tombent de vétusté
aux lieux où ils naissent. C'est en pure perte
que les chênes périssent sous la hache du bûcheron; car, lorsque le propriétaire a payé, avec
le produit du merrain, la main-d'œuvre, compté
son temps et les frais de transport, il ne lui
reste pour résultat que le regret d'avoir dépouillé
ses terres de leur plus bel ornement. Comme il
est plus facile, et moins coûteux, d'emmener de
mille lieues par mer un stère de bois, que de
lui faire parcourir dix lieues par terre, il en résulte qu'il en coûte plus, à cause de l'état des
routes et des rivières, pour transporter les bois
sur les bords navigables de la Dordogne, que
pour le frêt des États-Unis à Bordeaux. Ainsi,
les forêts de la Haute-Auvergne et du Limousin,
traversées par une rivière qui le dispute, par le

développement de son cours, à plusieurs fleuves,
sont plus éloignées des lieux de consommation
qui les avoisinent, que les arbres qui peuplent
les solitudes du Nouveau-Monde.

COMMERCE.

Le commerce intermédiaire et de transit est
absolument nul, car toutes les négociations sont
bornées aux productions territoriales. « Lorsque
» l'habitant du Cantal, dit le voyageur Legrand,
» a payé, avec le croît de ses bestiaux, ses im-
» pôts, acheté son sel et son blé, il ne lui reste
» rien à désirer : il n'envoie rien au loin, ni il
» n'a rien à faire venir. » Les fromages qui sont,
après les bestiaux, le produit le plus considérable de la contrée, quoique très-estimés dans
le midi de la France, ne supportent qu'avec
peine la concurrence de ceux de la Suisse et de
la Hollande, à cause des frais de transport.

INDUSTRIE.

L'INDUSTRIE doit remplacer l'agriculture, et parer à ses vicissitudes, dans tous les pays qui sont trop froids, ou trop stériles, pour y varier les productions agricoles. Quel climat est plus incertain, plus sujet aux chances fâcheuses et à l'intempérie des saisons que le Cantal? Eh bien! vous faites des lieues entières sans rencontrer une seule fabrique qui puisse assurer les habitans contre l'inconstance de leurs récoltes. Il semble qu'il est aussi difficile d'introduire une usine sous ce ciel nébuleux, que d'y faire croître les plantes exotiques de la zone Torride. Cependant, nulle part, vous ne trouvez des chutes d'eau aussi faciles, et des richesses minérales de toute espèce aussi abondantes. En suivant le lit tortueux de la Dordogne, on rencontre une multitude de filons de métaux, mis à nu par la corrosion de ses eaux, ou découverts par les déchirures profondes que font journellement les torrens qui irradient ces versans escarpés. C'est surtout au-dessous de l'embouchure du Chavanon que la nature semble s'être

appliquée à réunir, avec une profusion extraordinaire, tout ce qui est nécessaire à la création
de vastes établissemens métallurgiques. Il y a
non seulement un bassin houiller, dont les
bancs ont fourni de la houille grasse de très-
bonne qualité, et peut-être supérieure à celle de
Saint-Etienne pour faire du coke; mais encore,
tout près de cet endroit, de chaque côté de la
rivière, on aperçoit des couches de minérai de
fer, qui ont jusqu'à trois ou quatre pieds d'é-
paisseur. Non loin de ces gissemens, on trouve
encore du marbre propre à être employé comme
fondant, ou à être débité en dalles, pour les
différens besoins des arts. C'est au manque de
chemins qu'il faut attribuer l'enfouissement de
tant de sources de prospérités. Tant qu'il n'y
aura pas des débouchés plus faciles, dit M. Beau-
nier, ingénieur célèbre, dans un Rapport rendu
public par la commission chargée de l'enquête
sur l'introduction des fers étrangers, toute entreprise est hasardeuse, parce que ses produits
ne pourraient pas aller aux lieux de consommation avec autant d'économie que ceux des autres
établissemens (1). Il est impossible de se servir
de la Dordogne, et les chemins sont en si mauvais état, qu'il faut transporter la houille à dos

---

(1) Comme pour faire 100 kilogrammes de fer, il faut environ
15 ou 1600 kilogrammes de matière, on comprend que l'économie des transports est tout dans ces sortes d'établissemens.

de mulet. L'application de la loi, du mois de juillet 1824, serait déjà un grand bienfait, surtout si une bonne route vicinale de première classe unissait Tauves et le Bourg-Lastic.

Les environs de Bort, quoique dotés moins avantageusement, offrent aussi plusieurs traces de métaux; mais on y remarque principalement un bassin houiller qui couvre une surface de plus de trois lieues. Le fossile est si abondant, qu'il se montre partout à fleur de terre. Sa qualité était, dans le principe, très-médiocre; mais aujourd'hui que les puits d'exploitation sont plus profonds, elle s'est considérablement améliorée, et même elle ne le cède en rien à celle dont je viens de parler.

Près de Verneige, toujours sur le cours de la Dordogne, il existe des traces d'un ancien pont. Des titres du 14me siècle disent même que ce passage était très-fréquenté et très-utile au commerce. Un peu plus bas, précisément à l'embouchure de la rivière d'Auze, on a trouvé de grosses enclumes et des barres de fonte énormes, enfouies dans la terre. Ainsi, l'industrie, qui fait des progrès partout, a reculé dans la Haute-Auvergne, de ce qu'elle était chez la nation gauloise. Pour lui rendre cette splendeur passée, et la mettre à même de rivaliser avec celle des autres contrées, il ne faut que créer des routes : avec de nouveaux débouchés, les langes séculaires, qui entravent cette province intéressante sous tant de rapports, tomberont d'eux-mêmes.

Parmi les communications que l'intérêt général, et particulièrement celui de la ville de Bort, réclament avec le plus d'instances, il y en a trois auxquelles toutes les autres doivent se joindre, comme autant de légers linéamens qui viennent fortifier les lignes principales.

La première est la route de Bort à Murat; la seconde, celle de Bort à Besse; la troisième, le balisage de la Dordogne de Bort à Argentat. C'est la première communication par ses résultats immenses, et la seule que je me sois proposé d'examiner avec quelques détails.

ROUTE DE BORT A MURAT.

L'ILLUSTRE Turgot, alors intendant de la généralité de Limoges, dans ses élaborations pour le pays qu'il administrait, avait conçu le projet d'une route de Nantes à Marseille, entre l'Océan et la Méditerranée, passant par le Limousin. Cette grande voie, qui coupe diagonalement l'Ouest de la France, est achevée dans la partie méridionale jusqu'à Murat (Cantal), et, dans le Nord, jusqu'à Bort (Corrèze.) Quoiqu'il ne reste qu'environ quarante kilomètres à exécuter pour terminer cette importante communication, et qu'elle ait été mise au nombre des travaux urgens du département, on n'y travaille qu'avec une lenteur désespérante. Des hommes guidés par des vues étroites et égoïstes, arrêtent et paralysent les travaux à chaque instant; il semble qu'ils sont étrangers à cette douce sympathie qui nous montre toujours notre intérêt à côté du bien général. Comme il est impossible de faire cette traversée en voiture, il n'existe presque pas de rapports entre Bort et Murat; cette route est principalement fréquentée par les marchands de mulets du Poitou, qui vont tenir les foires de Saint-Flour et du Puy : quelquefois ils passent par Aurillac, et font un trajet quatre ou cinq fois plus long pour éviter les mauvais chemins.

Il est difficile d'énumérer tous les avantages d'une bonne communication entre ces deux villes : les blés de la Limagne, arrivant par des voitures jusqu'aux sommités de ces montagnes verdoyantes, préserveraient leurs habitans de la disette qui afflige si souvent la classe pauvre; le sel, abondamment répandu dans le commerce, serait donné en plus grande quantité aux bestiaux, et préviendrait une partie des épizooties; le vin, l'eau-de-vie, et les denrées coloniales, s'y distribueraient à bien meilleur compte par les routes de la Haute-Auvergne et celles du Limousin; enfin, les fromages ne seraient plus grévés de ces frais énormes de transport qui ruinent les propriétaires. C'est au milieu des lieux sauvages, que doit traverser cette ligne, qu'habite la grande famille des *leveurs* si redoutée du commerce. Isolée au milieu de ce vaste labyrinthe, elle vit heureuse du fruit de ses escroqueries. Si, par hasard, le mandataire de la justice se présente, le signal est aussitôt donné, et la population, incertaine sur qui porte l'arrêt, fuit toute entière, comme le chevreuil timide à l'approche du chasseur.

ROUTE DE BORT A BESSE.

Quoique la route de Bort à Besse se rattache à des intérêts moins généraux que la précédente, elle n'est pas moins importante : c'est le seul passage entre le département de la Corrèze et la partie orientale du Puy-de-Dôme, le département de la Haute-Loire et tout le Forez ; elle est d'autant plus urgente, que les habitans des villages qu'elle traverse sont obligés, pen-

dant l'hiver, de passer par Clermont pour aller
à Issoire. Quelle anomalie singulière! passer par
le chef-lieu de son département pour aller à son
arrondissement! Cette circonstance est peut-être
unique en France. Il serait très-facile à l'administration supérieure de faire tracer, entre ces
deux villes, le plan d'une route à laquelle les
maires appliqueraient les prestations en nature.
Par ce moyen, ces fonctionnaires ne fatigue-
raient pas leurs administrés en leur faisant faire
des travaux inutiles, parce qu'ils ne se co-ordon-
nent jamais avec ceux des communes limitro-
phes. Avec un peu d'accord entre les personnes
intéressées, cette route serait rendue viable en
très-peu de temps : le cours de la rivière de la
Trentaine semble en avoir fait le tracé; c'est un
jalon placé par la nature, dont il ne faut pas
s'écarter si on veut faire un travail utile et dura-
ble. Le voyageur surpris par le mauvais temps,
ne craindrait plus la colère du Mont-d'Or, de
ce géant dont la tête, cachée dans une brume
épaisse, s'élève au-dessus de toutes les montagnes d'Auvergne. (1)

(1) Le Puy-de-Sancy est élevé de 32 mètres au-dessus du plomb
du Cantal, de 421 au-dessus du Puy-de-Dôme, et de 1888 au-
dessus du niveau de la mer. C'est le sommet de la France
centrale.

BALISAGE DE LA DORDOGNE,

DE BORT A ARGENTAT.

La Dordogne est heureusement située pour servir de lien à plusieurs contrées. Aussi le balisage de cette rivière est non-seulement avantageux pour Bort et Argentat, mais encore pour toutes les villes baignées par ses eaux. Ce genre de communication a toujours été de la plus grande utilité dans les régions montagneuses. Comment pourrait-on, sans ce moyen, emporter au loin les matières d'un grand poids et d'une valeur intrinsèque très-petite, telles que la houille, le bois, la fonte, etc.? Montaigne appelle ingénieusement ce mode de transport *des chemins qui marchent.*

DES TENTATIVES

COLBERT, à son avénement au ministère, en-
couragea simultanément toutes les branches
d'industrie : il établit des fabriques, créa des
routes, creusa des canaux et protégea puissam-
ment la navigation naturelle. C'est de cette époque si glorieuse pour la France, que date le balisage de l'Allier. Cette rivière qui était parsemée
de rochers abruptes et de courans rapides, fut
rendue navigable en quelques années, de Brassac
au Pont-du-Château. Le gouvernement, après
avoir achevé ce grand travail, songea à améliorer le sort de la Haute-Auvergne; ses regards
rencontrèrent les rives désertes de la Dordogne,
et il comprit aussitôt que l'établissement de la
navigation sur cette rivière était l'arbre de vie
de toute la contrée. Afin de réaliser cette pensée
bienfaisante, il envoya le père Truchet, mécani-
cien célèbre de cette époque, pour étudier les
lieux et lui indiquer les moyens à employer.

La mort de Colbert et les malheurs qui ter-

minèrent le règne de Louis XIV, arrêtèrent la
prompte exécution de cette entreprise. Depuis
ces temps reculés, il a toujours été question
d'utiliser le cours de cette rivière; mais, soit à
cause de l'état des finances épuisées par le grand
roi, soit que l'esprit de ses successeurs fût moins
tourné vers les améliorations de ce genre, soit
enfin la manière d'envisager les travaux, tout
est resté en projet. Récemment encore la cana-
lisation de la Dordogne figure dans le rapport du
directeur-général des ponts et chaussées, parmi
les branches importantes du rameau qui doit
lier toute la navigation intérieure de la France.
Ce canal partirait de Castillon qui est le point
où s'arrête la marée, remonterait la rivière la-
téralement ou en suivant son lit, passerait à
Bergerac, Souillac, Argentat, Bort, le Port-Dieu,
suivrait les vallées du Sioulet, d'Andrelot, et
irait s'emboucher dans le canal latéral à la Loire
au-dessous de Digoin : il aurait environ quatre
cent mille mètres de longueur, et coûterait, suivant le devis des ingénieurs, plus de cinquante
millions. Cette grande ligne de navigation s'épa-
nouit en une multitude de jets qu'il est nécessaire de connaître pour apprécier tous ses
avantages. En tournant au midi, elle va, au
moyen des canaux, jusqu'à Roanne. Là, elle
joint les chemins de fer et les suit jusqu'à Lyon,
ou elle s'arrête à Givors pour descendre par le

Rhône jusqu'à Arles et là mer. Du côté du nord, elle profite également de la navigation artificielle jusqu'à Briare. Là, elle se divise encore : d'un côté, elle suit la Loire jusqu'à Orléans, Nantes et la mer; et de l'autre, elle prend le canal de Briare, la Seine et tombe dans l'Océan. Qui peut calculer les bienfaits que répandrait cette grande traversée? Malheureusement les canaux déjà entrepris ne permettront pas de s'occuper de celui-là de long-temps : c'est une opération trop majeure pour devenir jamais l'objet d'une entreprise particulière; d'ailleurs les produits ne peuvent pas être en rapport avec la dépense. Il n'y a que le gouvernement, qui travaille pour l'avenir et qui a l'intérêt général seul pour mobile, qui puisse hasarder ces immenses travaux. En examinant la topographie des lieux, on conçoit même des difficultés sérieuses sur son exécution. Si le canal est latéral à la Dordogne, il devra suivre, pendant plus de cent kilomètres, un massif formidable de rochers granitiques. Faudra-t-il les escarper ou entrer en percement sous cette masse rocheuse? Si le canal est pris dans le lit de la rivière, comment faudra-t-il racheter une pente énorme et enchaîner un torrent qui s'élève, dans ses grandes crues, de sept à huit mètres? Ces difficultés sont si sérieuses que les villes qui doivent tirer le plus de profit de son exécution, la regardent comme une utopie imaginaire, qui les berce d'espérances de bonheur que des siècles n'ont pu réaliser. L'homme peut-il s'attacher à une avenir heureux dont il n'aperçoit jamais la riante image?

Pourquoi laisser écouler un temps précieux pour la génération présente sans opérer le balisage de Bort à Argentat, qui peut procurer au Limousin et à la Haute-Auvergne, en très-peu de temps et à peu de frais, une partie des bienfaits du canal? Il suffirait même de conduire les travaux jusqu'à Verneige, environ dix-huit kilomètres au-dessous de la première ville, pour commencer à jouir de la navigation et à percevoir des droits qui aideraient à faire le surplus. Je n'entends parler que de la navigation descendente; l'ascendante n'est pas possible : la rapidité du courant, le manque d'eau et plus encore l'impossibilité d'établir un chemin de hallage sur des rives bordées de rochers taillés à pic, sont autant de difficultés qu'il n'est pas possible de surmonter avec un simple balisage. L'amélioration que je propose ne contrarie pas la grande chaîne de communications dont je viens de parler, elle en serait au contraire le premier chaînon. Elle aurait l'inappréciable avantage de ne point enlever de terrain à l'agriculture, de ne froisser les intérêts de personne, et de ne pas attirer des maladies contagieuses sur son passage.

DES TRANSPORTS

ET DU MOUVEMENT ACTUEL DU COMMERCE SUR LA DORDOGNE,
DEPUIS SA SOURCE JUSQU'A SOUILLAC.

Le principal commerce, ou, pour mieux dire, le seul que l'on fasse sur la Dordogne, entre Bort et Argentat, consiste dans le flottage du merrain. Chaque année, au mois de mai, les marchands le jettent dans la rivière et dans ses affluens. Ils commencent sur le Chavanon et continuent jusqu'aux environs d'Argentat. Le trajet se fait avec une lenteur extraordinaire : chaque barrage, chaque banc de sable prend des journées entières. Cependant les mariniers le font très-rapidement lorsque les eaux sont propices. Il arrive même quelquefois qu'ils descendent en bateau depuis le Chavanon jusqu'à Bort. On arrête ordinairement le merrain au-dessous de l'embouchure de la Rhue, afin de le réunir à celui qui flotte sur cette rivière.

C'est à partir de ce point que le flottage éprouve les plus grandes difficultés. Cependant une douzaine d'hommes, suivis d'un bateau qui porte leurs provisions et leur logement, en conduisent jusqu'à trois cents milliers. Il y a des passages si rapides qu'ils sont obligés d'attacher leur bateau avec une corde et de le laisser glisser lentement sur le courant. Lorsque les eaux sont très-fortes, les habiles mariniers franchissent presque tous les obstacles sans prendre ces précautions.

Les spéculateurs ont à craindre les eaux trop faibles, qui ne fournissent qu'un fond d'eau insuffisant, et les fortes crues qui enlèvent en quelques instans le travail de plusieurs mois et souvent le bénéfice de plusieurs années. En 1825, la rivière entraîna plus de quatre cents milliers de merrain; cette année, elle a renouvelé ses ravages. Les riverains qui arrêtent les douves, sont bien tenus de les rendre moyennant une légère prime; mais les frais pour les rassembler absorbent toute leur valeur.

Lorsque le merrain arrive à Argentat, on tend une corde sur les deux rives; ce léger barrage suffit pour l'arrêter, et donner le temps nécessaire pour le sortir de l'eau. On l'empile ensuite sur les champs voisins, jusqu'à ce qu'on l'embarque pour sa destination. Le trajet de Bort à Argentat se fait quelquefois en peu de jours, mais le plus ordinairement en deux ou trois mois, environ un kilomètre par jour. Quand les mariniers craignent que la rivière devienne forte, ils embarquent le merrain à Verneige ou à Arches. Les habitans d'Argentat sont en possession de faire presque exclusivement ce genre de commerce : habitués à ces périls, ils ne se laissent pas plus surprendre par ses chances fâcheuses que par les obstacles qui encombrent le lit de la Dordogne.

On jette aussi sur la Dordogne du bois de chauffage, mais il s'arrête à Bort; il sert uniquement pour l'usage de la ville. Il y a quelques années qu'on y fit flotter de gros rouleaux de sapins, qui devaient être débités en planches; cet essai réussit parfaitement.

M. Thiolier avait eu l'idée d'exploiter, par ce moyen, les forêts qui habillent la base et les vastes contours du Mont-d'Or; ce projet n'a pas eu d'exécution, parce que la rivière ne commence à être assez forte qu'après avoir reçu l'annexe de plusieurs ruisseaux, qui sont après le pont de Saint-Sauves. Au-dessous de Bort, le flottage des bois de construction de toutes longueurs a toujours été entrepris avec succès. En 1790, la maison Magnan, de Bordeaux, acheta un nombre illimité de pieds d'arbres, dans la forêt de Gravière, qui est à deux lieues de Bort. Les chemins, pour parcourir ce petit trajet, étaient si mauvais à cette époque, que le transport des bois de la forêt à la rivière était plus cher que celui de Bort à Bordeaux. Cette com-

pagnie les faisait flotter à bûches perdues jusqu'à Verneige: là, ils étaient réunis en radeaux,
et conduits sans difficulté jusqu'à leur destination. Il en descendit environ trois mille pièces
dans les longueurs de sept, dix, et même quinze
mètres. La révolution arrêta cette industrie nais-
sante, au moment où elle aurait pu être utile au
pays. Le manque de bois se fit si fortement sentir à Bordeaux, pendant le blocus continental,
que les marchands furent obligés d'aller s'ap-
provisionner dans le Jura, et de traverser le
canal du Languedoc; on fut même embarrassé,
pendant quelque temps, pour se procurer les
pieux nécessaires pour les travaux hydrauli-
ques du pont. Aujourd'hui, cette cité importante fait une grande économie en allant cher-
cher en Norwège, les bois qu'elle a pour ainsi
dire à sa porte (1). Les tentatives qui ont été
faites avec succès pour le flottage paraissent

---

(1) Le bois qui se vend à Bordeaux, vient des environs de
Christiania, une des plus belles villes de la Norwège. Elle est
dominée par de nombreuses forêts de sapins; leur végétation est
si belle que les arbres atteignent jusqu'à 160 pieds d'élévation.
Après les avoir coupés, on les précipite du haut des sommets
escarpés dans les petites rivières qui descendent des montagnes
jusqu'à la mer. Entraînés par ces cours d'eau rapides, ils franchissent les cataractes et ne s'arrêtent qu'aux rangées de pieux
fixées à peu de distance des criques où ils sont livrés au commerce. Avec ces matières premières, l'habitant de l'âpre Norwège
se procure les douceurs et les commodités de la vie.

même avoir été oubliées; car, de nos jours, le savant ingénieur qui a construit le pont d'Argentat, n'a pu se procurer des poutrelles en sapin pour alléger la charpente de ce beau monument.

En suivant le cours de la rivière, on rencontre, de Bort à Argentat, plusieurs petits ports qui fabriquent des bateaux, et qui transportent du bois de chauffage; il en sort annuellement quatre cents de celui de Saint-Projet; on les charge avec de la houille extraite dans les mines de Lapleaux. Les bateaux sont construits en bois de hêtre, et coûtent environ cent à cent dix francs; ils sont déchirés à leur destination; mais les constructeurs en font quelques-uns en chêne, qui sont plus chers et plus solides; ils servent à remonter le sel de Libourne à Souillac.

Arrivé à Argentat, le flottage cesse entièrement. Tous les produits qui partent de ce port s'embarquent sur des bateaux de dix-huit à vingt mètres de long; ils portent quatre à cinq milliers de merrain, qui pèsent environ dix tonneaux. Le service du bateau exige quatre hommes jusqu'à Souillac; mais ensuite deux suffisent pour le conduire jusqu'à Libourne. Le voyage coûte de cent a cent vingt-cinq francs; un peu moins lorsqu'on s'arrête à Bergerac. En joignant à cette somme la perte du bateau, qui ne se vend que quinze francs, il résulte que le transport se

fait à raison d'un franc les cinquante kilogrammes, ou vingt-cinq francs par chaque millier
de merrain. Le trajet se fait en cinq jours, savoir : d'Argentat à Souillac, un jour en été, et
un jour et demi en hiver; de ce point à Bergerac, deux jours; pour aller à Castillon, un autre
jour, et autant pour arriver à Libourne.

Les bateaux chargés de merrain partent,
presque tous à la fois, au commencement d'oc-
tobre, lorsque les eaux sont *marchandes*. Il est
très-curieux d'en voir une centaine suivre majestueusement le cours de la rivière, s'enfoncer,
au passage des Pertuis, sous le courant tumul-
tueux, et reparaître ensuite, après avoir franchi
les barrages qui encombrent, en plusieurs endroits, le lit de la rivière, notamment à Beaulieu.

Parmi les produits qu'on embarque à Argentat, il faut principalement compter les fromages, le charbon de bois, la houille, dont M. le
comte de Noailles est le concessionnaire; les
châtaignes, et, enfin, le bois de noyer et de ce-
risier.

Après le port d'Argentat, on rencontre celui
de Souillac. C'est là que s'arrête la navigation
ascendante : elle y débarque du sel, du vin, de
l'eau-de-vie, et toute espèce de denrées coloniales, qui se distribuent ensuite dans l'intérieur du Limousin et de la Haute-Auvergne. Il
est très-important d'observer que Souillac est

le point le plus rapproché du Cantal, où les marchandises arrivent par eau. Ce département a de si grandes difficultés pour communiquer avec la mer, qu'il peut recevoir des provisions de Marseille, presque aussi facilement que de Bordeaux.

On embarque à Souillac les mêmes produits qu'à Argentat, mais en plus grande quantité. On y charge beaucoup de pièces en chêne pour les approvisionnemens de la marine royale de Rochefort. Le prix de la voiture est fixé à soixante-quinze centimes en descendant, et deux francs en remontant, les cinquante kilogrammes. Le sel a cependant le privilége de ne payer qu'un franc vingt-cinq centimes. Le total des chargemens s'élève à environ trente mille tonneaux. Les droits de perception rendent environ onze mille sept cent trente francs par an, au gouvernement.

La Dordogne reçoit dans son cours plusieurs affluens qui lui portent le double tribut de leurs eaux et de leurs commerce. On compte, au-dessus d'Argentat, le Chavanon, la Rhue, la Diège, la Sumène, l'Auze, la Luzège, la Doustre, sur lesquelles flotte le merrain. Au-dessous de cette ville, on remarque la Vezère et l'Isle, qui sont des rivières navigables, et une foule d'autres qui ne sont que flottables.

DU RÉGIME DE LA DORDOGNE.

La Dordogne, qui est un des principaux affluens de la Gironde, prend sa source au Mont-
d'Or, et termine son cours au Bec-d'Ambès, un
peu au-dessous de Bordeaux. Le *Dictionnaire
hydrographique*, par Ravinet, la porte flottable
à partir du point où elle reçoit le Chavanon, et
navigable à partir de Meyronne, département
du Lot. Selon cet auteur, sa longueur flottable
est de. . . . . 169,096 mètres.
Sa portion navigable, de. . . 292,628
Total. . . . . 461,724 mètres.

En sortant des montagnes incandescentes du
Mont-d'Or, elle coule avec une rapidité extraordinaire. Son lit est hérissé d'aspérités volcaniques. C'est encore un petit ruisseau; mais lorsqu'elle quitte le sol igné, près du pont de Saint-
Sauves, les accidens de terrain deviennent plus
rares, et ses eaux augmentent considérablement.
La Dordogne traverse aussitôt après, la belle
forêt d'Avèze, dont les végétaux résineux éta-
lent majestueusement, pendant plus d'une lieue,

leurs branches horizontales sur ses rives isolées.
Un peu plus loin, elle se réunit au Chavanon, le
premier affluent qui mérite d'être cité. C'est sur
ce cours d'eau qu'est construite la seule forge
qui existe en Auvergne. Cette usine éprouve tant
de difficultés pour les transports, qu'elle est
obligée de transformer tous ses produits en ob-
jets moulés. Au-dessous de ce point, la Dordogne serpente le long d'un vallon riche et fertile;
ses eaux, resserrées et profondes, pourraient
être utilisées pour la navigation, pendant quelques mois de l'année, si leur volume était assez
fort. Le paysage est animé par une foule de vieux
monumens : on remarque les ruines de Thinière,
dont la construction gothique remonte au 11me
siècle, et le château de Val, flanqué de six tours
très-bien conservées. La ville de Bort se présente
ensuite au milieu d'une petite plaine d'alluvion.
La forme pyramidale de ses maisons couvertes
en ardoises schisteuses, son clocher dont la flè-
che élégante se perd dans les airs, et surtout
l'immense coulée basaltique qui termine le faîte
de son horizon, la font apercevoir de très-loin.

C'est à partir de la jonction de la Dordogne
avec la Rhue, qui est le point où doit commencer le balisage, qu'il est nécessaire d'étudier,
avec une attention particulière, le régime de la
rivière. Elle coule d'abord sans rencontrer le
moindre obstacle; ses bords ne sont que légère-

ment entravés par les pans de muraille qui se
sont détachés de l'antique château de Madic. Le
quart des corvées qui ont été employées à élever
cette forteresse féodale, auraient suffi pour des-
sécher le lac qui l'entoure. Cette entreprise de
bienfaisance aurait non seulement rendu une
grande étendue de terrain à l'agriculture, mais
elle aurait préservé pour toujours la population
du voisinage des vapeurs méphitiques, si fu-
nestes à sa santé. Après avoir quitté la jolie val-
lée de Ribeyrolle, la Dordogne entre dans des
gorges affreuses jusqu'aux environs d'Arches.
Son cours varie à l'infini pendant ce long défilé:
la masse de ses eaux est tantôt étranglée entre
de grands rochers qui la compriment et augmentent sa furie; tantôt elle est arrêtée par d'é-
normes blocs de pierre qui la refoulent et la
brisent avec fracas. A peine a-t-elle franchi ces
obstacles, qu'elle en rencontre d'autres qui la
répercutent encore : brisée dans toutes ses di-
rections, ses eaux s'entre-croisent et ne coulent
plus qu'en losanges plus ou moins étendus : ses
tourbillons, interrompus et rabattus de toutes
parts, attaquent avec force les masses granitiques qui les arrêtent, les minent, et y creusent
des cavités profondes. Son lit est un abîme
qu'elle a profondément creusé dans le terrain
primitif. Que de siècles elle a dû employer pour
produire ce grand dénivellement avec le plateau
supérieur!

Quelquefois, après avoir été violemment agi-
tée, elle tombe, au sortir d'un courant rapide,
dans un bassin large et profond. Des bateaux,
pesamment chargés, pourraient parcourir plusieurs kilomètres sur ses eaux calmes et paisi-
bles. C'est surtout les jours de grandes crues,
qu'elle présente un spectacle vraiment imposant : ses eaux gonflées franchissent, avec une
nouvelle impétuosité, tout ce qui se présente
au-devant de leur cours irrité; elles fouettent
les turcies latérales qui les pressent, et englou-
tissent des rochers énormes, qui s'élèvent bien
au-dessus des eaux ordinaires. Leur surface hou-
leuse présente un phénomène semblable à celui
qui les agite, lorsque, arrivées près de la mer,
elles sont poussées violemment par le Mascaret,
et soulevées par la tempête.

Ces crues extraordinaires arrivent deux fois
par an : les premières sont causées par la fonte
des neiges sur le groupe du Mont-d'Or et sur
les Falgouts; les secondes, par les pluies d'au-
tomne. Ces époques exceptées, les débordemens
de la Dordogne ne sont pas dangereux : la dé-
bâcle des glaces est bien plus à craindre, parce
qu'elle déracine les arbres et détruit les barrages. Heureusement cette rivière ne gèle que très-
rarement.

La Dordogne est parfois coupée par des torrens qui se jettent sur elle. Non seulement leurs

eaux ruisselantes la repoussent et la dévient
pendant l'orage; mais, comme ils charient du
gravier, ils forment, à leur embouchure, des
barrages qui portent insensiblement les eaux
sur le côté opposé. D'autres fois, la rivière se
divise en deux branches, et forme des îles qui
affaiblissent d'autant le lit le plus fort. Ailleurs,
les berges élevées qui la resserrent s'abaissent
au niveau de ses eaux qui, libres de s'étendre,
roulent lentement, et n'offrent plus qu'un fond
d'eau insuffisant : ces espèces d'atterrissemens
sont beaucoup plus nuisibles au flottage que les
courans les plus rapides.

Au milieu des sinuosités de cette pénible traversée, la vue ne trouve autour d'elle que des
sites sauvages : des roches colossales s'élèvent
comme des obélisques, et présentent un escarpement vertical de plus de cent mètres; il est
impossible de les gravir et de suivre la rivière;
il faut se frayer un chemin à travers les rochers
aigus qui la dominent, et la menacent de leur
chute successive. Vous planez, pour ainsi dire,
sur des abîmes que vous ne pouvez pas apercevoir; c'est tout au plus si vous entendez gronder
les eaux prisonnières dans ce couloir immense.
Quelquefois des masses friables, morcelées par
le gel et le dégel, glissent sur des pentes rabo-
teuses jusque dans la rivière. Ces espèces d'en-
rochemens nuiraient considérablement à sa na-

vigabilité, si, en même temps qu'elles tombent,
les crues, comme par réprésailles, ne les en-
traînaient pas sur les bords ou dans de larges
réceptacles. La végétation n'offre partout que
la stérilité et l'abandon le plus complet : les arbres qui cachaient la nudité des pics décharnés,
et préservaient les plans inclinés de l'action ir-
résistible des torrens, sont tombés depuis long-
temps sous le fer des propriétaires égoïstes; il
ne reste que quelques troncs rabougris qui croissent sur des terrains rocailleux, ou qui sucent
une existence étiolée dans les anfractuosités des
rochers inaccessibles.

Enfin, aux approches d'Arches, le vallon s'é-
largit, les versans diminuent de hauteur, et ces-
sent de présenter ce grand désordre. L'imagi-
nation, quoique familiarisée avec ces horreurs,
retrouve avec plaisir des terres cultivées et des
traces d'habitation. Les nombreuses tourelles
qui ornent les maisons d'Argentat, paraissent
de loin, et donnent à cette petite ville une appa-
rence de beauté que l'intérieur ne justifie point.
Son pont suspendu est un exemple des services
que peut rendre l'industrie, lorsqu'elle est sage-
ment dirigée vers des entreprises utiles à la
prospérité générale.

La largeur de la Dordogne est, à Madic, de
quatre-vingts mètres; à Argentat, entre les cu-
lées du Pont-Marie, elle est de cent mètres;

mais, en amont et en aval, sa largeur est com-
munément de cent vingt.

La plus grande hauteur des eaux est de six
mètres au-dessus de l'étiage partout où la rivière peut s'étendre; dans les passages resserrés
elle monte beaucoup plus haut.

La profondeur moyenne de la rivière, à Madic,
lieu de départ du balisage, est de soixante-dix
centimètres. La section d'eau vive est de cinquante-
six mètres; elle ne diminue guère dans les basses
eaux, car les moulins de Bort peuvent toujours
moudre avec cinq ou six tournans, et cela, sans
le secours des eaux de la Rhue. Dans les grandes
crues, la section d'eau vive est d'environ cinq
cent trente-six mètres, à peu près comme dix
est à un.

La vîtesse de la Dordogne varie à l'infini :
quelquefois elle ne coule pas, elle se précipite,
tandis qu'ailleurs elle est pour ainsi dire refoulée
par des rochers ou des masses de pierres. Près
de Madic, sa vîtesse moyenne peut être évaluée à
quatre-vingt-dix centimètres par seconde. La
section d'eau vive étant de cinquante-six mètres,
cela donne cinquante mètres quarante centimètres par seconde, ou trois mille vingt-quatre
mètres cubes d'eau par minute.

Pendant les grandes crues, la vîtesse est d'environ deux mètres cinquante centimètres. La section étant de six cent soixante-dix mètres, cela

donne seize cent soixante-quinze mètres par
seconde, ou cent mille cinq cents mètres cubes
d'eau par minute.

La pente de la Dordogne varie suivant les
plans plus ou moins inclinés qu'elle parcourt.
On peut, je crois, évaluer sa pente moyenne à
cinq millimètres par mètre : la distance entre
Bort et Argentat étant de soixante-dix mille
mètres, il y aura entre ces deux villes une différence de niveau de trois cent cinquante mètres.

Il me reste, pour compléter ce chapitre, à
parler du régime de la Rhue : c'est le plus ca-
pricieux des affluens de la Dordogne; mais aussi
celui qui lui est le plus utile, puisqu'il double
le volume de ses eaux. Aucun barrage n'a pu
encore maîtriser sa violence et utiliser ses rapides
ondes. Il me suffira, pour caractériser son cours
impétueux, de faire le récit des tentatives qui
ont été faites pour améliorer le passage du saut
de la Saule, le miracle le plus imposant de la
nature en Auvergne : En 1735, un ingénieur
nommé Vic, qui exploitait la forêt des Gardes,
abaissa l'ouverture qui est sur la rive droite,
afin de faire une espèce de canal et boucha la
cataracte.

Quoiqu'il eût entassé des pierres énormes
cramponnées par des liens de fer, tout fut entraîné par une crue extraordinaire, qui cassa et
détacha les blocs malgré leur force d'assem-

blage. Un autre ingénieur essaya en 1760 ce que n'avait pas pu faire le premier, en réunissant de grosses poutres et en les présentant par tête au courant: malgré la résistance qu'offrait ce grand et large mur d'arbres, il fut entraîné par une fonte de neige; il n'en reste pas la moindre trace. Cette rivière reçoit la Trentaine, affluent éminemment utile par les scieries qu'il fait mouvoir. Il prend sa source au pied de la cha‑pelle de Vassivière; après plusieurs méandres il traverse les ruines du couvent de Lavassin. Trente ans de destruction ont suffi pour faire oublier cet asile de paix, qui est bâti dans une des positions les plus pittoresques de l'Auvergne. C'est au confluent de la Rhue et de la Dordogne, au pied d'une immense roche primordiale, en‑tourée d'un cordon de cônes volcaniques, qu'est situé le village de St.‑Thomas. C'est là que naquit Marmontel; sa maison, son jardin, les arbres au pied desquels il venait lire Virgile, sont encore tels qu'il les a décrits dans ses char‑mans *Mémoires*. Par une compensation qui ferait sourire M. Azaïs, il n'existe pas dans ce hameau un seul homme qui puisse lire les ouvrages de son illustre compatriote: quelques années en‑core, et son nom connu dans les deux mondes, sera oublié dans son pays natal.

~~~~~~

DEVIS

DES DÉPENSES A FAIRE POUR OPÉRER LE BALISAGE DE LA
DORDOGNE, DE BORT A ARGENTAT.

———◦———

D'APRÈS l'esquisse que je viens de tracer du régime de la Dordogne, on voit que sa navigabi-
lité est principalement entravée, 1° par de gros
blocs de pierre et par des rochers adhérens, qui
s'élèvent au-dessus des eaux; 2° par des bancs
de sable et des atterrissemens qui naissent de la
trop grande largeur de son lit; 3° par plusieurs
bifurcations qui affaiblissent le volume de ses
eaux, et 4° enfin, par des affluens qui la cou-
pent à angle droit, et l'obstruent avec les gra-
viers qu'ils enlèvent dans leurs cours torren-
tueux.

On parerait aisément au premier obstacle en
atténuant les pierres saillantes et les rochers
adhérens avec la poudre. Il ne serait pas même
nécessaire, pour exécuter ce travail, d'avoir re-
cours aux moyens indiqués par l'art, parce qu'on
le ferait pendant la saison où les eaux seraient
basses. Les éclats de ces rochers seraient entraî-

nés par le courant, ou enterrés dans le gravier : dans l'un et l'autre cas, il faudrait prendre les précautions nécessaires pour qu'ils ne gênassent pas la navigation.

Quelques pierres transportées sur les côtés latéraux des ensablemens suffiraient pour obvier à tous leurs inconvéniens; car la théorie indique qu'en resserrant tant soit peu une rivière, la pesanteur de ses eaux se porte aussitôt en ligne droite dans le centre; et que le courant creuse alors lui-même son lit en suivant cette direction. Aussi les rétrécissemens doivent être faits de manière à ce que tout le poids de l'eau se porte dans ce point, tant dans les grandes que dans les petites crues. Les barrages placés sur les flancs n'ayant qu'à arrêter les eaux latérales, qui sont toujours sans force et sans vigueur, n'ont pas besoin d'être construits solidement. Quant à la largeur qu'il convient de donner à ces rétrécissemens, il faut consulter le volume de la rivière et les localités. On peut arriver au même résultat en creusant un large chenal dans le milieu des atterrissemens : c'est l'économie qui doit guider dans le choix de ces deux moyens.

Les îles seraient promptement détruites en faisant quelques digues en bois ou en pierres à l'entrée du cours d'eau le moins considérable. C'est ainsi qu'on opère sur les bords du Rhin.

. Enfin on remédierait à tout le mal causé par
les affluens, en les faisant arriver à angle aigu
dans le lit de la rivière; leurs eaux se join-
draient alors ensemble et se marieraient natu-
rellement sans se heurter ni se contrarier réci-
proquement.

Les passages qui gênent le plus la navigation,
depuis Bort jusqu'à Argentat, sont désignés sous
les noms suivans : le Saut du Prêtre, celui d'An-
glard, celui de Juillard, la roche *Ebouliade*, les
Trois-Pierres, l'arrivée du port de Verneige, les
rapides de Vernuillard, de Rouquet, de Périer,
de Merceix, de Beure, du Moulin; la Gerlotte
de Bonjon, l'embouchure de la Sumène, l'eau
de la Chapelle, les pêcheries d'Arches, et enfin
les sauts du Peyrat, d'Eyboutet; les *sucs* sous
Chalvignac, la pêcherie Douspontoux, et le
Maupas.

Chacun de ces passages pourrait être rendu
praticable avec moins de trois cents francs.

J'ai suivi les lieux en bateau, et voici l'estima-
tion des frais auxquels j'ai évalué cette amélioration vraiment vitale pour la contrée:

1° Pierres détachées à enlever du lit de la rivière,
et à transporter sur les bords. . . 23,000 fr.

2° Escarpement de trois mille mètres
cubes de rochers latéraux, à 3 fr .   9,000

3° Vingt mille mètres cubes de ro-

       A reporter. 32,000

Report. . . . . 32,000 fr.

chers adhérens ou en bloc, à un
franc cinquante centimes. 30,000

4° Vingt-quatre mille mètres cubes
de gravier à extraire du centre de
la rivière et à rejeter sur les côtés,
à cinquante centimes. 12,000

Cette somme peut être changée contre les frais
nécessaires pour établir des cordons de rétrécis-
sement.

5° Environ dix îles à barrer, à deux
cents francs le barrage 2,000

6° Environ six affluens à dévier, à
cinq cents francs 3,000

7° Bateaux, outils et appointemens
des conducteurs de travaux. . . . 10,000

8° Frais imprévus. 11,000
_____

TOTAL . . . . 100,000 fr.

Cette somme paraîtra bien minime aux personnes qui n'ont examiné les difficultés à vaincre
qu'en masse; mais si elles prennent la peine de
faire soigneusement un nouveau devis, article
par article, le leur sera peut-être inférieur au
mien. Je n'entends parler que des travaux stric-
tement nécessaires pour que les bateaux puissent naviguer sur la rivière avec la moitié de
la charge qu'ils reçoivent à Argentat. Ce balisage est à peu près semblable à celui qui fut
entrepris, il y a soixante ans, sur la Loire, entre

Andrésieux et Roanne. Quoique ce fleuve pré-
sentât, entre ces deux points, les mêmes obstacles qui existent entre Bort et Argentat, les
travaux commencés en 1702 furent achevés en
1705. Ce trajet, qui est de cent dix kilomètres,
se fait en douze heures. Deux hommes suffisent
pour conduire un bateau; il n'y a que quelques
passages où il est nécessaire d'en mettre quatre.
Les bateaux ne reçoivent, en partant que le
quart de la charge qu'ils peuvent supporter à
Roanne. La quotité des droits perçus fut d'abord
de cent dix francs par bateau, et ensuite de deux
francs cinquante centimes par toise du bateau:
ils avaient environ quinze à seize toises de longueur. Ces droits ne sont plus aujourd'hui que
de quinze francs vingt-cinq centimes, perçus au
profit du gouvernement. La navigation est seulement descendante, et elle ne sert qu'aux transports de la houille. Cette entreprise fut exécutée
par une compagnie qui ouvrit au sol houiller
de Saint-Etienne un débouché jusqu'alors in-
connu. Comme il est de l'essence des innova-
tions les plus utiles d'éprouver de la résistance,
cette opération eut fort peu de succès pendant
quinze ans. Le nombre moyen des bateaux qui
partirent d'Andrésieux ne dépassa pas quarante;
il est aujourd'hui de plus de trois mille cinq
cents, qui portent au moins quatre-vingt mille
tonnes de charbon.

L'administration des ponts et chaussées fait suivre tous les ans le lit de la rivière, d'Andrésieux à Roanne, pour enlever les arbres, les pierres, et tous les obstacles qui auraient pu survenir dans le courant de l'année.

DE L'ÉCONOMIE

QUI RÉSULTERAIT DU BALISAGE DANS LES FRAIS DE TRANSPORT.

Il arrive tous les ans à Argentat trois mille milliers de merrain; savoir :

Du Cantal. 1000
Du Puy-de-Dôme. 500
De la Corrèze. 1500
                      Total. 3,000

Ces trois mille milliers de merrain produisent environ six cents mille francs à ces trois départemens. Il est vrai qu'il en faut retrancher environ le quart pour la main-d'œuvre et le transport jusqu'à la rivière, toujours à la charge du propriétaire.

Il en coûte vingt francs pour le transport de

chaque millier de merrain de Bort à Argentat;
ce prix n'est pas très-cher, mais il double malheureusement par la perte des douves qui s'arrêtent dans les fissures des rochers, ou qui sont
trop lourdes pour pouvoir flotter. Les spéculateurs évaluent ce déchet à un vingtième. En sup-
posant le merrain à deux cents francs le millier,
qui est le terme moyen, il revient à deux cent
trente francs, rendu à Argentat. Maintenant il
faut ajouter cinquante francs pour aller de cet
endroit au lieu de consommation; en sorte qu'un
millier de merrain, qui pèse environ quarante
quintaux (il cube trois mètres) payé quatre-
vingts francs, c'est-à-dire deux francs les cinquante kilogrammes de voiture. Cette somme
est énorme lorsqu'on la compare à celle que l'on
paye sur les autres rivières. La même quantité
de merrain paye trois francs par quintal par
terre, ou cent vingt francs le millier. Comme
le merrain qui voyage par voiture a toujours
une préférence sur l'autre , qui est terreux et
déchiré par le choc des pierres, on prend souvent cette voie pour le conduire à Libourne.
Le merrain transporté par terre s'appelle *mer-*
rain blanc, et l'autre, *merrain flotté.*

Les pièces de chêne qui s'expédient de Bort
à Libourne et Rochefort, voyagent par terre jusqu'à Souillac. Ce trajet les augmente de plus de
un franc cinquante centimes le pied cube. Il me

suffira, pour faire apprécier combien les frais de transport sont exhorbitans, d'établir le rapport qui existe entre le prix des bois à Bort, et leur valeur à Argentat, Souillac et Libourne, toujours sur les rives de la Dordogne.

Prix des Bois dans les environs de Bort.

Le merrain vaut 200 francs;
Le chêne, 30 à 40 cent. le pied cube;
Les planches en sapin, 3 fr. 50 cent. la toise;
Les pièces en sapin pour construction, 15 à 20 c. le pied cube dans les forêts.

À Souillac et à Libourne, les mêmes bois valent :

Le merrain, 350 à 400 fr. le millier;
Le chêne, de 2 fr. à 2 fr. 50 cent. le pied cube;
Les planches en sapin, environ 6 fr. 50 cent. à 7 fr. la toise;
Les pièces en sapin pour construction, 1 fr. 80 c. à 2 fr. le pied cube.

Malgré cette énorme différence dans les prix, les marchands ne gagnent pas à cause des frais de transport et des accidens qu'ils ont à supporter. J'observerai que cette disproportion dans la valeur des bois commence à se faire sentir à Argentat, à quatorze lieues de Bort. Il n'existe en-

suite que de légères nuances, à cause de la facilité qu'offre la navigation. On conçoit aisément,
par cette seule comparaison, que s'il y a d'un
côté une production considérable, et de l'autre
une grande consommation, il y a chaque année
une perte énorme pour le propriétaire comme
pour le consommateur. En perfectionnant la
navigation, le premier vendrait plus cher, et le
second achèterait meilleur marché. Les forêts
seraient mieux aménagées, parce que le terrain
couvert d'arbres rendrait l'intérêt des capitaux
au même taux que par tout autre genre de cul-
ture. Il est difficile d'apprécier la quantité de
bois qui pourrait s'exploiter par la Dordogne:
l'étendue des forêts est au moins de quatre mille
hectares; leur végétation est si belle qu'elles re-
présentent huit millions de pieds cubes. L'État
en possède plus de mille hectares, qui rendent
à peine pour payer les frais de gardes. Qui croirait que les bois de Norwège viennent alimenter
nos besoins à vingt lieues de ces richesses vé-
gétales?

Non seulement la ville de Bordeaux et ses environs tirent leur bois de l'étranger, mais ils lui
achètent encore la houille : elle vient de New-
caste, et pour un peu de St.-Étienne : aussi elle
est si chère que les entrepreneurs des bateaux à
vapeur sont obligés de les chauffer avec des
bûches de pin, et que presque tous les maré-

chaux des environs de Libourne brûlent du charbon de bois. Bordeaux possède plusieurs établissemens qui ne peuvent pas se passer de charbon de pierre, tels que des fourneaux à réverbère, des bains et un établissement de gaz hydrogène : sa consommation s'élève à plus de 3o,ooo tonnes. Si la guerre venait à resserrer les mers, comme pendant le blocus continental, toutes ces entreprises seraient paralysées. La situation pénible dans laquelle se trouverait cette puissante cité et beaucoup d'autres, n'a pas échappé au chef de l'administration des ponts et chaussées; il s'exprimait ainsi, en 1820 : « N'est-» ce pas le devoir du gouvernement de faire tous » ses efforts pour que les diverses contrées du » royaume puissent jouir de nos charbons, de » ce précieux combustible que le territoire fran-» çais recèle en abondance, mais seulement sur » certains points, et qui ne pourra se répandre » au loin et féconder toutes nos industries que » par le secours d'une navigation complète et » perfectionnée. » Quel est le sol houiller qui peut mieux remplir les vœux exprimés par M. le directeur-général, que celui de Champagnac, près Bort? L'étendue immense de ce bassin et la facilité d'exploiter ses produits, sur les bords de la Dordogne, lui assurent un avantage supérieur à ceux de Lapleaux et du Lardin. Si on n'exploite pas la houille, comment les nombreux

établissemens du Périgord pourront-ils fabriquer
en concurrence avec ceux qui consomment du
coke? Je ne parle pas dans un avenir bien éloi-
gné; avant peu il y aura des hauts fourneaux
montés dans les environs du Bourg-Lastic. Les
départemens de la Creuse, du Puy-de-Dôme, de la
Haute-Loire et du Cantal, qui consomment pour
plus de huit cent mille francs de fers ou de fonte,
réclament depuis long-temps une usine de ce
genre. Ce besoin est si pressant que le département de la Corrèze, limitrophe avec celui de
la Dordogne, trouve un avantage de dix pour
cent à tirer la fonte de Lyon. L'essor de l'industrie a été comprimé un instant par le manque
de communications; ce besoin a été compris : les
administrateurs éclairés, qui veillent au bonheur et à la prospérité de leurs administrés,
s'occuperont, sans doute, de créer les débou-
chers qui sont nécessaires.

Le balisage de la Dordogne serait non-seulement avantageux à l'exploitation des bois et de
la houille, qui suffiraient seuls pour donner la
vie à tout ce pays, mais encore à une infinité
d'autres produits, tels que les fromages qui pourraient être employés dans les approvisionnemens de la marine; les feuillards pour les vignes
de Médoc; la construction des bateaux en sapin,
laquelle remplacerait ceux en hêtre, dont le bois
est trop pesant et trop court pour servir avec

4

avantage ; la poterie de Pierrefitte si renommée par sa durée (on a trouvé des vases romains faits avec cette terre, qui étaient aussi neufs que s'ils sortaient de la main du potier); l'exploitation du marbre, des laves, du grès houiller, et enfin celle de tous les produits qui naissent de la facilité des transports. Je ne pense pas qu'on puisse évaluer à moins de quinze mille tonnes le poids des marchandises qui descendraient de Bort à Argentat. C'est la moitié de ce qui se fait sur toute la rivière.

CONCLUSION.

Je crois avoir démontré que l'exécution du balisage de Bort à Argentat diminuerait le prix des transports actuels, et faciliterait la création d'une infinité d'usines. Ces nouveaux établissemens amèneraient évidemment une augmentation de bien-être; car les manufactures, étant des entreprises volontaires, ne peuvent subsister qu'autant qu'elles sont utiles à la prospérité générale. La production croîtrait, pour ainsi dire, sans augmentation de population : par conséquent, les choses nécessaires à la vie seraient à la portée de plus de monde, surtout de la classe qui vit du travail de ses mains. Ce n'est pas le manque de capitaux ou d'intelligence qui a refoulé la philosophie industrielle et productive loin de la Haute-Auvergne et d'une partie du Limousin, mais le manque absolu de débouchés commodes vers les lieux de consommation. Créez des communications faciles, et aussitôt des richesses minérales sortiront de cette terre inaccessible où elles sont enfouies; l'exploitation de la houille enrichira les territoires qui sont dotés de ce précieux combustible; les forêts, qui n'attendent leur destruction que du temps, fourniront d'abondantes ressources à la marine; l'agriculture secouera la rouille qui la couvre, et enfin la classe nombreuse des prolétaires trouvera des moyens de subsistance égaux à ceux que le propriétaire retire de son champ. Une portion de terre n'est pas le seul moyen d'existence! L'industrie procure à ceux qui la touchent avec discernement des avantages qui surpassent les produits naturels : c'est un cordial que la nature, jalouse de guérir ses propres infirmités, semble avoir donné à l'habitant du Cantal pour établir la balance entre son sol ingrat et la terre fertile de la Limagne.

Est-il d'ailleurs rationnel de laisser une population si considérable tributaire des puissances étrangères, pour des produits qu'elle possède en abondance dans son sein? produits dont elle peut encore être privée par des circonstances politiques. L'arbre antique des préjugés résistera-t-il long-temps à des considérations aussi graves? La timidité et l'esprit de routine prévaudront-ils toujours sur des calculs aussi rigoureux? Ah! je le dis avec un sentiment pénible pour la génération passée, les pertes d'un an, faites sur l'agriculture et l'économie forestière par le manque de communications, sont plus considérables que la dépense totale du perfectionnement de la navigation naturelle de la Dordogne.

MÉMOIRE

SUR LE

BALISAGE

ET LA

NAVIGATION DESCENDANTE

DE LA DORDOGNE,

DE BORT A ARGENTAT.